LES CHEMINS DE FER

AU POINT DE VUE SANITAIRE

LES

CHEMINS DE FER

AU POINT DE VUE SANITAIRE

PAR

Le docteur E.-L. BERTHERAND

Ancien médecin A.-Major de 1re classe

Secrétaire perpétuel de la Société d'Agriculture, Sciences
et Arts de Poligny

ARBOIS
IMPRIMERIE DE MADAME JAVEL
1862

LES CHEMINS DE FER

AU POINT DE VUE SANITAIRE

Comme tout ce qui est nouvellement importé dans nos mœurs, les chemins de fer ont trouvé des détracteurs complaisants. Entr'autres accusations des plus naïves, les uns ont voulu que cette merveilleuse conquête des temps modernes ait jeté une sorte d'influence pernicieuse sur le règne végétal et lui ont bravement fait endosser la responsabilité de la maladie de la pomme de terre. Les autres, n'y regardant guère de plus près, attaquent à tout instant les voies ferrées comme un moyen de transport extrêmement dangereux, et mettent facilement en cause, au moindre accident, et l'incurie, et la négligence, et le défaut de surveillance des administrations. Il en est enfin, qui, ne prenant aucun souci des précautions hygiéniques particulières que réclament soit le service professionnel, soit le voyage sur les chemins de fer, n'hésitent pas à faire remonter jusqu'à ces derniers et aux Compagnies surtout, la cause d'indispositions, de maladies, de blessures, etc.

La question sanitaire des chemins de fer n'est donc pas dénuée d'importance : elle intéresse autant le pu-

— 6 —

blic, les voyageurs, que l'Administration, ses nombreux employés et agents.

C'est que la construction, l'exploitation, l'entretien des voies ferrées constituent une véritable usine permanente, un vaste atelier, une industrie très compliquée, un ensemble de faits tout particuliers que la science et l'humanité ont le devoir d'étudier minutieusement afin d'en bien connaître les avantages et les inconvénients.

Le gouvernement s'est du reste occupé, à diverses reprises, des moyens d'assurer la régularité et la sécurité d'un service aussi important, témoins les arrêtés ministériels de 1853 et de 1861. De leur côté, des hommes spéciaux, des praticiens dévoués, se sont empressés de publier le résultat de leurs longues observations. L'apparition récente de l'excellent ouvrage du Dr de Piétra-Santa (1) m'a engagé à mettre en ordre de nombreuses notes récoltées sur la ligne du Nord alors que j'étudiais l'influence du transport des chemins de fer sur la santé des animaux de boucherie et d'engraissement (2). Je me hasarde donc à dire à mon tour quelques mots sur la question sanitaire des voies ferrées, question qui mérite d'être envisagée d'une part sous le triple rapport du *Personnel*, du *Matériel* et des *Voyageurs*, de l'autre, au double point de vue de l'*Hygiène morale* et *physique*.

I. *Personnel.*

Le personnel des chemins de fer est extrêmement

(1) Chemins de fer et santé publique, Paris, 1861, librairie d'Hachette et Cie.

(2) Mémoire à l'Académie de Médecine de Paris, 12 février 1856.

nombreux. Le service général se divise en quatre
sections distinctes :

1° Administration : (Ingénieurs, comptables, employés des bureaux, chefs de gare, etc.) ;

2° Voie : (Conducteurs, aiguilleurs, cantonniers,
chefs de section, piqueurs, gardes-ligne, gardes-bar-
rières, poseurs, manœuvres, gardes de nuit, chefs de
transport, graisseurs, gardes–freins de la voie, veil-
leurs, surveillants, gardes supplémentaires, etc.) ;

3° Matériel et traction : (Chefs de dépôts, mécaniciens, chauffeurs, chefs de trains, conducteurs de
vigies, freins, voyageurs et colis ; graisseurs, mon-
teurs, forgerons, serruriers, ferreurs, ferblantiers, zin-
gueurs, lampistes, menuisiers, ébénistes, charpen-
tiers, charrons, selliers, tapissiers, peintres, pon-
ceurs, laveurs, coketiers, manœuvres, nettoyeurs,
etc,) ;

4° Exploitation : (Employés des gares, conducteurs
des trains, gardes-freins, graisseurs, facteurs, hommes
d'équipe pour chargement et placement des wagons,
etc.).

Les dernières statistiques évaluent à *sept* par ki-
lomètre la moyenne des divers agents. Ce chiffre dé-
montre une grande et rationnelle division du travail, condition essentielle pour la sécurité et la célé-
rité d'un service dans lequel tous les mouvements,
calculés à minute fixe, ne sauraient subir le moindre
retard sans entraîner parfois de graves malheurs.

D'autre part, dans une industrie qui s'exécute le
jour comme la nuit, il importait d'éviter aux employés de toute espèce les inconvénients d'une fatigue
éminemment nuisible à la régularité et à l'exactitude

ponctuelle de l'exploitation. Aussi l'Administration, toujours animée d'une paternelle sollicitude, a limité selon les exigences d'un légitime repos la quotité du travail journalier de chacun. Les agents les plus exposés à la fatigue sont convenablement relevés entr'eux : ainsi les aiguilleurs chargés de la constante surveillance de la voie n'ont que six heures consécutives de service ; les chauffeurs, mécaniciens et gardes-freins ne travaillent que six à dix heures par jour, selon que le train est de grande vitesse ou de marchandises ; etc.

Les premières conditions d'admission dans un service aussi sérieux sont l'intelligence, la santé, l'instruction, une bonne conduite. Aussi doit-on féliciter l'Administration de recruter autant que possible son personnel actif parmi les anciens militaires qui ont ainsi puisé dans l'existence et la discipline de l'armée l'habitude de la fatigue, de l'obéissance et de la ponctualité. Quant à l'instruction professionnelle, il est vivement à désirer que des écoles industrielles soient annexées aux principaux établissements universitaires placés sur le parcours des voies ferrées, afin que les candidats à des emplois dans les chemins de fer puissent se familiariser de bonne heure avec les détails du service et prévenir ainsi, par des connaissances et une présence d'esprit suffisantes, les malheurs qui résulteraient d'une imprudence ou d'une inobservance du règlement (1). En effet, parmi les

(1) Les Écoles centrales et d'arts et métiers, l'École des chauffeurs récemment créée à Lille par la Société des sciences, l'École Lamartinière, dirigée à Lyon par notre distingué compatriote M. de Chamberet, rendent déjà d'éminents services au point de vue que nous envisageons ici.

causes les plus fréquentes des accidents, les enquêtes n'ont cessé de placer l'inexécution des signaux, l'incurie d'un mécanicien, la négligence des gardes-freins et des aiguilleurs, une fausse manœuvre du mécanicien ou de l'aiguilleur, l'inexactitude dans l'exécution d'un ordre, l'imprudence de traverser la voie pendant que d'autres trains sont en marche ou pendant l'exécution de travaux d'art, l'ignorance et le défaut d'adresse dans les manœuvres.

Les mêmes enquêtes ont d'ailleurs proclamé que les accidents des voies ferrées diminuent de fréquence en raison de l'ancienneté de service des employés; en effet une pratique plus longue entraîne à sa suite une expérience plus intelligente. Il est donc certain que des cours spéciaux suivis par les candidats aux divers emplois des chemins de fer, et des examens de capacité déclarés obligatoires pour l'admission à ces emplois, constitueraient une excellente garantie d'aptitude professionnelle pour les agents divers des compagnies.

L'Administration ne saurait d'ailleurs être trop exigeante pour les connaissances théoriques de ses employés; car elle rémunère convenablement leurs services, a élevé leurs traitements, organisé des caisses de secours mutuels, des caisses de retraite qui augmentent le taux de la pension. — La Compagnie d'Orléans a même établi, à l'usage de ses agents, des magasins fournis de denrées alimentaires achetées en gros : celle du midi a installé, dans le même but, un débit de pain, un réfectoire, un vestiaire. Sur la plupart des lignes, les mécaniciens et chauffeurs ont droit à des suppléments de solde dans les cas de ser-

vices extraordinaires et à une allocation proportion-
née aux économies de charbon qu'ils parviennent à
réaliser.

Est-il nécessaire d'ajouter que chaque ligne est
pourvue d'un service médico-pharmaceutique, dans
le but d'assurer rapidement le traitement des malades et des blessés en temps ordinaire, de proposer
les mesures hygiéniques les plus avantageuses, de
faire à l'Administration des rapports fréquents sur la
situation sanitaire du personnel, enfin de porter des
soins immédiats et réguliers à la première nouvelle
d'un accident à l'aide des boîtes de secours placées
dans chaque gare — et, il serait à désirer, dans chaque train de voyageurs?

L'admission des agents du service actif ne doit jamais avoir lieu sans l'avis du médecin de la compagnie. En effet les fatigues quotidiennes, la
masse d'efforts que nécessite le séjour dans les ateliers et dans les sections de la traction, du matériel
et de l'exploitation ne sauraient être supportés par
des constitutions abimées par des maladies antérieures prolongées ou une affection héréditaire. Et des
employés peu aptes à des fonctions qui exigent tant
d'activité musculaire ne tardent pas à tomber à la
charge des compagnies tant par le grand nombre de
journées de maladies que par la perte de travail, en
d'autres termes par le surcroît de dépenses éventuel-
les que leurs absences occasionnent.

2° Voie et matériel moteur.

Le bon entretien de la voie et du matériel est d'une
trop haute importance pour ne pas éveiller d'une ma-

nière constante la sévère attention de l'Administration. Aussi ses agents ne cessent–ils d'inspecter minutieusement tout ce qui concerne les conditions des
chemins ferrés et des véhicules.

A. Un bon entretien du ballast de la voie prévient
les éboulements et les affaissements de terrain.

B. Le personnel des manœuvres doit être assez
nombreux pour qu'en cas d'encombrement subit de
la voie, elle puisse se trouver rapidement dégagée
et que des accidents, de nouvelles avaries soient ainsi évités.

C. La forme des rails, leur renouvellement, leur a-
gencement parfait afin que les joints soient constamment à la même hauteur, ont une influence marquée
sur leur rupture accidentelle, sur les déraillements.

D. Les traverses doivent être toujours assises de
telle façon que la pression des trains soit également
répartie.

E. La solidité et la sécurité de l'aiguillage assurent
le facile changement de voie ; sa construction dé-
fectueuse est au contraire une cause fréquente d'accidents.

F. Les signaux n'ont de valeur et d'efficacité qu'en
raison de leur simplicité et de leur facile constatation
à des distances éloignées et par tous les temps. Les
couleurs actuellement en usage semblent suffisantes,
le *rouge* indique arrêt, le *vert* ralentissement, le *blanc*
voie libre. En cas de brouillards, pluie, neige ou
d'appel de secours, on a bien proposé des signaux so-
nores, détonants ; mais leur infidélité, leur difficile
perception par des temps d'orage et surtout à cause du

bruit des trains à grande vitesse, en empêcheront de longtemps l'adoption. C'est au chef de train, au mécanicien à surveiller attentivement le convoi, afin d'être prévenus du moindre accident ou d'un signal de détresse donné par les voyageurs. Le miroir que l'on a conseillé de placer en permanence sur le Tender ne servirait que de jour et par le beau temps. Des rondes permanentes des chefs de train, facilitées par des estrades à balustrades disposées à l'extérieur de chaque wagon rendraient la surveillance plus aisée, à moins que l'on n'adopte définitivement sur toutes les lignes le système du Chevalier Bouelli, combinaison d'un télégraphe électrique avec des conducteurs métalliques installés sur la voie et en communication constante avec les télégraphes des stations et des trains.

Les wagons, quel qu'en soit l'usage, doivent être en nombre suffisant pour que le service se fasse avec rapidité. D'ailleurs la voie sera bien moins fatiguée, moins abimée que par des manœuvres trop fréquentes et inutiles.

Avant la mise en marche d'un train, il importe de s'assurer de l'état du matériel : ainsi cette visite a souvent eu pour résultat de faire remplacer un wagon dont l'essieu était dans un état tel que la rupture en aurait eu lieu peu de temps après le départ. La machine à vapeur a également besoin d'une surveillance active qui parfois suffit à écarter les causes et les dangers de son explosion.

Les wagons de voyageurs, qu'il convient de tenir dans un grand état de propreté et d'ouvrir sitôt l'arrivée afin d'en renouveler l'air, ne doivent jamais être placés à côté des voitures qui servent à transporter le bétail et dont les émanations rendraient insupportable l'habitation des premières voitures. Le Dr Vernois fait, en outre, observer (1), d'une part que tout wagon fraîchement peint ne saurait être utilisé à cause du danger des odeurs, d'un autre côté que la fermeture des wagons devrait être assurée par des moyens tels qu'en cas d'accident les voyageurs puissent les ouvrir avec facilité. — Il va sans dire que la moindre des prévoyances fera proscrire de la composition d'un train de voyageurs des voitures chargées de matières inflammables ou fulminantes.

L'état des freins mérite aussi une attention particulière : les uns sont insuffisants dans leur action, les autres se rompent et déterminent de graves accidents. Malgré toutes les inventions qui ont été, dans ces derniers temps, prônées tour à tour comme d'une incontestable supériorité pour arrêter sûrement et assez promptement un convoi, le système Guérin passe encore pour le meilleur.

L'excellente construction du matériel des chemins de fer a du reste été proclamée d'une haute nécessité par la Commission d'enquête ministérielle de novembre 1853, et dont voici les conclusions résumées : 1° Bon choix de tous les membres du Personnel ; 2° perfectionnement du matériel moteur et indicateur ; 3° règlements simples et clairs.

3° *Voyageurs.*

L'ignorance des dangers que l'on court, le man-

---

(1) Traité d'hygiène industrielle et administrative, 1860, 2 vol. — Ouvrage fort complet que l'on ne saurait trop recommander à tous ceux qu'intéresse la salubrité publique et professionnelle.

que de prudence constituent les causes les plus ordi-
naires des accidents dont les voyageurs sont victimes:
les uns montent dans les voitures ou en descendent
bien que les trains soient en marche; les autres parcourent les voies ferrées et se font atteindre par des
wagons en mouvement; ceux-là mettent constamment la tête aux portières surtout à l'entrée des
trains dans les tunnels et reçoivent parfois des lé-
sions graves (contusions, fractures), etc.

Les règlements ne sauraient être trop sévères pour
des faits aussi regrettables, et la sécurité publique
gagnerait certainement à ce que dans toutes les gares
il fût fait application des articles 471 et 474 du code
pénal (1) à toute personne trouvée, sans motifs vala-
bles, sur la voie ferrée au moment du passage, de
l'arrivée ou du départ des trains.

Quant aux voyageurs qui s'exposent à des blessures sérieuses en sortant la tête ou les bras aux appro-
ches des gares, des convois ou des travaux d'art,
une surveillance très-active des chefs de trains à
l'aide d'une galerie extérieure telle qu'elle a été in-
diquée plus haut, constituerait une police permanente qui préviendrait et empêcherait bien des impru-
dences trop souvent fatales.

4° *Influence morale et physique des chemins de fer.*

A. L'influence morale du transport par les voies
ferrées n'est peut-être pas assez appréciée. La grande
économie de temps qu'il procure permet au commer-
ce de réaliser de grands bénéfices, satisfait rapide-

(1) Relatifs aux embarras du chemin public.

ment l'impatiente anxiété des négociants engagés dans des affaires importantes et délicates, et facilite la surveillance complète de leurs intérêts.

Ceux qu'atteignent inopinément des revers de fortune, de sinistres événements ou de graves maladies, reçoivent ponctuellement les consolations de leurs amis, les soins de leurs familles.

Les personnes condamnées à une vie sédentaire par leur profession ou les exigences de la condition sociale peuvent profiter des jours de fête pour aller demander des distractions à des points plus ou moins éloignés.

La facilité et la rapidité de ces déplacements contribuent à la diffusion des lumières, aux jouissances intellectuelles, au développement des connaissances, aux relations sociales, internationales : le peuple fréquente les grandes villes, s'habitue à échanger des idées, s'initie aux merveilles des beaux-arts, prend une part plus active aux fêtes nationales et au mouvement de la civilisation.

Le propriétaire visite plus souvent des domaines, des exploitations industrielles ou agricoles dont une active surveillance double la production.

Le malade se trouve rapproché des sources thermales, des bains de mer ou du climat particulier qui doivent lui apporter le soulagement ou la guérison ; et cette perspective de la facilité d'aborder un traitement décisif n'est pas sans influence sur la rapidité de l'amélioration sanitaire.

Enfin, cette aisance avec laquelle il est possible de se porter d'un point à un autre permet de confier

à des hommes spéciaux la direction des grands travaux d'utilité publique, et facilite le service si épi-
neux de la surveillance de la justice et de la morale.

Ces bienfaits irrécusables d'une prompte locomo-
tion sont du reste intelligemment mis à la portée de
tous par les compagnies elles-mêmes qui délivrent,
pour l'aller et retour dans les vingt-quatre heures,
des billets à prix réduits. Sur quelques lignes, celle
du Nord principalement, des trains de plaisir sont
fréquemment organisés aux mêmes conditions, et il
est vivement à souhaiter que toutes les Administrations adoptent pour les dimanches et jours de fête,
pendant la belle saison, des dispositions encore plus
favorables.

Maintenant, dans certaines circonstances particulières, cette influence morale et si avantageuse des che-
minsdefer nesaurait-elle pas avoir son revers de médail-
le ? Si l'on en croit un médecin anglais, le Dr Werm,
les craintes réitérées de manquer le convoi, l'excita-
tion nerveuse qui résulte de cette inquiétude, déter-
mineraient *à la longue* des affections graves du système nerveux et notamment une irritabilité morale
assez vive, chez les négociants, commerçants, employés, chez ceux *principalement* qui sont d'une faible
constitution ou atteints de maladies antérieures des
nerfs ou du cœur. Tout en admettant que dans ce
cas la peur souvent répétée de manquer l'heure du
départ puisse *à la longue* agir défavorablement sur
la santé, il y a évidemment quelque exagération dans
l'appréciation du médecin d'outre-Manche, et la responsabilité des maladies développées dans de telles

circonstances doit plutôt incomber à des prédisposi-
tions individuelles; d'ailleurs les personnes appe-
lées fréquemment à voyager sur les voies ferrées sont
trop habituées aux exigences de la ponctualité dans
ce service pour qu'elles aient *souvent* à souffrir de
l'inquiétude de manquer le convoi.

D'autre part, on aurait remarqué en France que
des chefs de gare et de station, effrayés de la responsabilité extrême qui incombe à leurs fonctions,
et vivant dans une perpétuelle crainte d'accidents sur
leurs lignes, ont eu des affaiblissements notables de
l'intelligence. Certainement ce ne sont encore là que
des faits propres à certaines individualités, et il n'y a
rien ici de particulier à la situation administrative
dans les chemins de fer. Dans d'autres conditions
sociales, l'on rencontre également des caractères pu-
sillanimes, des esprits timorés ou enclins à l'exagération, et il ne saurait venir à l'idée de personne d'en
accuser la profession.

Les influences *physiques* sont relatives aux fatigues,
au bruit, aux intempéries, à quelques maladies et
accidents. Examinons chacun de ces points.

Les voyageurs qui parcourent, d'un seul trait, de
grandes distances en chemins de fer subissent une
immobilité prolongée qui, l'hiver et la nuit surtout,
favorise le refroidissement du corps. Les inconvénients de la station assise pendant un grand laps de
temps seraient moindres si les banquettes des 2e et
3e classes étaient convenablement rembourrées, et si,
comme dans les wagons américains, toutes les voitures d'une même classe, parcourues dans leur longueur

2

par un passage libre pour la promenade, communiquaient entr'elles : les voyageurs pourraient ainsi
changer d'air et de position. La proposition d'augmenter la vitesse des trains-omnibus n'est peut-être
pas très-rationnelle, car le voyageur se trouve toujours parfaitement renseigné sur la durée du transport, et dans les traversées moins rapides il a le bénéfice de fréquents arrêts aux stations pour dissiper la fatigue d'une situation longtemps forcée.

Quant au froid ressenti pendant la mauvaise saison, l'idée de chauffer les wagons en utilisant le calorique de la vapeur des locomotives et en la dirigeant par des tubulures sous les pieds des voyageurs
d'après le système Delcambre, a été bien accueillie en
1860 par la commission ministérielle qui l'a expérimentée sur le chemin de fer de Lyon. Serait-ce la difficulté de graduer la température dans les voitures,
qui aurait empêché jusqu'ici cette invention de recevoir une application générale ? — Les bouilloires usitées sur presque toutes les lignes suffisent parfaitement à entretenir la chaleur aux extrémités inférieures ; il serait seulement à souhaiter que l'Administration pût étendre cette excellente mais dispendieuse
mesure à toutes les classes d'un convoi, et pour la
facilité d'exécution le Dr de Piétra-Santa propose
d'employer l'eau bouillante des chaudières de la locomotive. Pourquoi, d'ailleurs, chaque convoi n'aurait-il pas l'hiver un certain nombre de wagons de
toutes classes chauffés par l'un de ces moyens et dans
lesquels on ne serait admis qu'en subissant un léger supplément du prix des places ?

Plusieurs Compagnies ont organisé des coupés-lits à l'usage des convalescents, des malades et des personnes qui doivent passer la nuit en convoi ; ce sont là d'heureuses innovations.

Les ouvriers et les agents du service de nuit doivent éprouver une fatigue particulière résultant de la privation du sommeil ; mais ici il faut tenir compte de l'habitude, et d'ailleurs on a vu plus haut que dans ces fonctions l'Administration fait alterner les employés.

Les trépidations, secousses continuelles du train en marche, déterminent une fatigue pénible, une sensation de pesanteur au sommet de la tête : cette céphalalgie syncipitale, sorte de migraine, varie d'intensité suivant la vitesse du convoi, la nature plus ou moins élastique des ressorts, l'écartement des rails, l'état de l'entretien de la voie. Il dépend donc de la surveillance des employés, des constructeurs de chemins ferrés, et de la sollicitude de l'Administration d'atténuer considérablement cet inconvénient dont le moindre effet est d'énerver, de diminuer l'appétit et de gêner la digestion. Les personnes sujettes à souffrir de ce malaise feront bien de prendre des aliments légers et de préférence liquides, avant de monter en chemin de fer, et, aussitôt descendues à destination, de se plonger dans un bain tiède ou de s'ablutionner la figure et le crâne à l'eau froide ; à ce sujet, le Dr de Piétra-Santa demande qu'il soit établi dans les gares des cabinets de toilette. Le Dr Cahen, médecin principal de la ligne du Nord, a imaginé un hamac articulé, d'un mécanisme fort simple, et destiné à préserver de ces trépidations fatiguantes les personnes très-nerveuses, notamment les femmes enceintes. Les personnes qui ne peuvent s'habituer à ces succussions répétées des chemins de fer devraient se condamner à ne franchir que de petites distances dans la même journée afin de prendre le repos nécessaire; mais le système du Dr Cahen leur serait bien préférable.

On éprouve certainement une fatigue notable dans les yeux quand on a lu quelques instants pendant la marche du convoi, surtout si l'ouvrage est imprimé en fins caractères, comme la plupart des livres de poche et de voyages. Cette tension douloureuse ressentie dans l'appareil musculaire des organes de la vision est plus forte de nuit, à cause de l'insuffisance de l'éclairage. Le mieux serait donc de s'abstenir de toute lecture, ou bien, comme le conseille le Dr de Piétra–Santa, de fermer le livre pendant quelques secondes toutes les dix minutes. L'éclairage au gaz constitue un des progrès à réaliser dans le luminaire des wagons. — La fatigue de la vue et la céphalalgie qui lui succède sont ordinairement accusées par les employés des postes qui travaillent dans les convois en marche; aussi l'Administration a-t-elle reconnu la nécessité de les faire alterner.

Le bruit d'un train en marche peut-il également influer sur l'ouïe des voyageurs? D'une manière générale, non; à titre d'exception, le fait a été constaté. Toutefois les personnes qui s'en trouvent incommodées, sont ou débiles ou extrêmement impressionnables ou affaiblies par de longues maladies. En

sorte que le bruit des convois en mouvement rapide
n'est réellement pas de nature à agir désagréablement
sur le plus grand nombre des individus. Cependant
le Dr Bisson rapporte (1) que les femmes ne peuvent
pas continuer les fonctions de garde–barrières, é–
tourdies qu'elles sont par le passage bruyant des convois au point que plusieurs ont donné des signes de
dérangement intellectuel. Mais ici encore, il ne s'a-
git très-probablement que d'exceptions par idiosyn-
crasie. Quant aux agents qui font le service des trains,
l'habitude les a promptement familiarisés avec l'im-
pression auditive dont il est question.

On a prétendu que le transport par les chemins de
fer exposait aux intempéries, à de brusques varia-
tions de température. La suppression des wagons com-
plétement découverts a répondu depuis longtemps au
vœu public. Il serait à désirer que les 3es classes of-
frissent au moins toutes les conditions de salubrité
que l'humanité exige : ainsi sur quelques li –
gnes, si mes souvenirs sont fidèles, elles n'ont
pour clôture des ouvertures latérales que des rideaux
en forte toile cirée ou goudronnée, moyen qui ne ga-
rantit pas assez de la pluie et donne passage à des
courants d'air très–dangereux, d'autant plus que les
wagons de cette catégorie ne sont jamais qu'aux convois de petite vitesse et que des voyageurs peuvent
avoir à parcourir des distances fort longues. — Nous
avons indiqué plus haut la convenance qu'il y aurait
à chauffer toute espèce de wagons pendant l'hiver,

(1) Guide médical à l'usage des Employés des Chemins
de fer, 1858, chez Mallet-Bachelier.

et les précautions à prendre contre le refroidissement pendant les voyages de nuit. On ne saurait trop rappeler aux voyageurs l'absolue nécessité, dans ce cas, de préférer les vêtements chauds, les bottes ou pantoufles fourrées, la flanelle, la couverture pour les jambes, de prendre des aliments liquides toniques et bien chauds (café, bouillon, thé, chocolat), avant de se mettre en route. Les agents du convoi y ajouteront des pardessus imperméables en peau de chèvre, des gants fourrés et des sabots garnis de laine.

Les vêtements à capuchon ont une grande utilité pour ceux qui se trouvent, pendant la traversée, exposés à tous les courants d'air. Survient-il de la pluie, de la neige? le conducteur doit rentrer dans son fourgon, le garde-frein sous sa guérite, et le voyageur clore avec soin les croisées. — Dans les grandes chaleurs, l'habillement de chacun doit être léger, ample, mais suffisamment protecteur contre les courants atmosphériques inséparables d'un train en marche, et contre le changement de température qui accompagne la chute du jour. Les voyageurs, comme les agents, doivent être en garde contre l'abus des boissons trop souvent ingurgitées en quantité exagérées pour calmer la soif. Il est regrettable que l'on ne vende pas, en été, dans toutes les gares, un liquide hygiénique, désaltérant, soit l'élixir de M. Bonjean (de Chambéry), soit la boisson que le Dr Bisson a reconnue si efficace sur la ligne d'Orléans et qui se compose d'eau ordinaire (60 parties), infusion de café (2 part.), eau-de-vie ou rhum (2 part.) et sucre (1 partie). La nature de l'alcoolat pourrait varier dans ces sortes de compositions, afin d'être appropriée au goût de chacun.

On conçoit facilement que la présence prolongée d'un certain nombre de voyageurs dans un wagon hermétiquement fermé altère promptement la qualité de l'air respirable. Les maux de tête, les nausées ne sont que trop souvent le résultat de cette modification chimique et de la présence d'émanations fort désagréables. Il existe dans certains wagons des ventouses ou petites persiennes au-dessus des portières : il faut en faire un judicieux emploi. On supplée à leur absence en maintenant les vitres ouvertes au quart et du côté opposé au vent. Les ventouses que l'on a proposé d'établir dans la partie inférieure des voitures auraient l'inconvénient de déterminer le refroidissement des pieds ; elles seraient plus rationnellement établies sur les côtés de l'ouverture disposée au centre du plafond pour le placement de la lampe. Une rapide altération de l'air est souvent provoquée par les voyageurs qui introduisent, les uns des fleurs très-odorantes, les autres des paniers chargés de comestibles : ces objets, lorsqu'ils sont susceptibles d'incommoder, devraient être sévèrement proscrits dans les wagons. — On ne saurait trop recommander aux voyageurs de profiter des temps d'arrêt pour changer d'air.

Le Dr de Piétra-Santa demande avec raison que le médecin des Compagnies soit autorisé à réclamer un wagon réservé, pour les personnes atteintes d'affections contagieuses.

La question de la fréquence des accidents de chemins de fer n'est que trop souvent présentée sous des couleurs que la statistique et les enquêtes n'ont jamais confirmées. Les agents de la voie, les chargeurs, les hommes d'équipe, les terrassiers sont exposés à des contusions, à des écrasements, à des chûtes; mais ici encore l'imprudence, l'inobservance des règlements, l'inexpérience, l'insuffisance des forces, doivent être seules responsables des accidents. Aussi, répétons-le, les médecins des Compagnies ne sauraient être trop sévères pour l'admission des manœuvres, des ouvriers du service actif. — Les agents qui approchent les trains en marche ou arrêtés pour quelques instants, ne doivent pas avoir des vêtements pouvant donner prise aux roues : c'est ainsi que des graisseurs ont été rapidement entraînés par des wagons au moment où ces derniers se mettaient en marche.

Les employés qui ne sont pas au courant des manœuvres dangereuses devront être quelque temps placés près d'agents anciens qui les guideront et les instruiront.

L'aiguilleur, qui surveille la voie, sera toujours en dehors de l'aiguille, afin d'échapper à la rencontre des marche-pieds des wagons.

Les poseurs de rails, les hommes d'équipe, portant des corps très-lourds, feront attention à ce que ces derniers ne leur échappent pas.

Le mécanicien et les chauffeurs prendront toute précaution pour éviter les brûlures par la vapeur, l'introduction des corps pulvérulents dans les yeux, etc.

Les wagons destinés au service des postes seront pourvus de moyens solides d'appui afin que les employés toujours en mouvement ne soient pas, au moindre choc, exposés à des chûtes, à des contusions, etc.

Des agents ou ouvriers des chemins de fer se trouvent parfois sur la voie, quand un convoi vient à les atteindre et à les broyer le plus souvent. En novembre 1855, je fus témoin d'un pareil accident, sur la ligne de Dijon à Dôle : le froid était intense, l'individu avait revêtu le capuchon de son caban et n'entendait ni le bruit du convoi ni les sifflets d'alarme donnés par le mécanicien. Le wagon qui porte la locomotive ne pourrait-il être armé d'un large tablier recourbé, en forte tôle, et qui, descendant jusque près des rails, ramasserait les individus imprudemment engagés ou tombés sur la voie ?

Quant aux voyageurs, nous avons demandé plus haut des pénalités sévères pour ceux qui s'exposent sur les rails.

En ce qui concerne le degré de sécurité des chemins de fer, les statistiques répondent que les messageries impériales et générales, ont, en moyenne, 1 victime sur 27, 555 voyageurs, — les chemins de fer 1 sur 335, 491 : qu'il y a deux ans, les voitures, charrettes et chevaux ont écrasé, à Paris, 1 personne sur 31,044 : enfin, que sur 30,000 navires, 1500 ont péri dans l'espace de quatre ans (1). — De 1850 à 1860, les lignes du Nord, de l'Est, de l'Ouest, d'Orléans et de Paris à la Méditerranée, offrant au total un parcours de 192,000 kilomètres suivis par

_____

(1) Conférences de M. Perdonnet à l'association philotechnique.

777,450 trains par an, ont transporté environ 310
millions de voyageurs : le nombre de ceux qui ont
succombé à des accidents sur les voies est de 44,
soit 1 sur 7 millions. Or, pendant la seule année
1860, les accidents produits par des voitures sur la
voie publique de la capitale ont été de 920 ayant occasionné la mort de 30 personnes et des blessures à
579. Donc en un an, cette circulation des voitures
dans la seule ville de Paris a occasionné presqu'autant de morts violentes que la circulation de tous les
chemins de fer de l'Empire Français en dix ans.

Ces chiffres réfutent victorieusement les craintes
exagérées et les assertions hazardées. — C'est aux
Administrations à tenir la main à ce que les agents
aient constamment présente à la mémoire la théorie
des règlements, absolument comme le soldat. Les
enquêtes rapportent à l'inobservance des recomman-
dations et des ordres la plus grande partie des accidents et des catastrophes.

Le Dr Vernois fait remarquer que l'ordonnance
spécifiant que tout convoi sera terminé par des voitures
remplies de terre et destinées à amortir les chocs en
cas de collision ou de rencontre n'est plus exécutée.

En dehors de tous ces événements fortuits, les employés des chemins de fer sont-ils sujets à des maladies
spéciales ? le Dr Devillers a examiné (1) cette question à l'aide des nombreuses observations qu'il a
glanées sur la ligne d'Orléans. D'après ses données,
les mécaniciens et chauffeurs devraient à la station

_____

(1) Recherches statistiques et scientifiques sur les mala-
d es des diverses professions du chemin de fer de Lyon,
1857 ; chez Labé, à Paris.

prolongée une fatigue pénible dans les membres inférieurs, et au contact de la poussière de charbon des affections eczémateuses ou furonculeuses des mains ; dans les ateliers domineraient les coliques métalliques, les varices, les hernies : dans le service de la voie, on rencontrerait principalement les affections intermittentes. Mais toutes ces diverses indispositions ou maladies sont communes aux ouvriers qui, dans les autres industries, se trouvent condamnés à travailler longtemps debout, à être en contact avec des particules pulvérulentes, cuivreuses ou plombiques, ou à être soumis aux vicissitudes atmosphériques, notamment à l'humidité. Il n'y a donc jusqu'ici rien d'absolument particulier aux agents actifs des chemins de fer.

Il va sans dire que pour prévenir les diverses maladies que l'on vient de mentionner, on recommandera aux mécaniciens et chauffeurs et dans les ateliers une extrême propreté, et aux employés ou ouvriers de la voie l'usage de la flanelle, de vêtements imperméables et surtout l'utilisation quotidienne de la boisson fébrifuge (Eau 1 litre, rhum 40 grammes et teinture de gentiane 1 gramme) qui a si bien réussi au Dr Bisson. Les maisons des gardes-lignes seront élevées sur cave, tout autour les eaux pluviales auront un facile écoulement, et les travaux d'assainissement reconnus avantageux devront être promptement exécutés.

Du reste, les Administrations des chemins de fer donnent assez de preuves de leur sollicitude éclairée à l'égard de leur personnel pour qu'il soit inutile

d'insister sur ces détails : c'est ainsi que la solde et les
exigences du service sont proportionnées aux néces-
sités urgentes et aux fatigues ; que les employés ob-
tiennent facilement l'autorisation de se loger à quelque distance des bureaux et sur divers points de la
ligne : enfin, qu'en cas de blessures, de maladies in-
vétérées, des allocations et des indemnités pour se
rendre aux eaux thermales sont accordées, etc.

Ainsi donc le service, l'emploi professionnel dans
les chemins de fer, le transport par les voies ferrées
n'ont point les inconvénients et les dangers dont on
les a si gratuitement accusés ; et si des accidents,
des maladies surviennent, nous en avons dit assez
pour démontrer que la cause en doit retomber presque tout entière sur les agents ou les voyageurs, à
cause de l'imprudence et du défaut de surveillance
des uns, de l'inobservance des règlements des autres, de la constitution débile de ceux-ci, du mauvais
état de santé de ceux-là.

Bien au contraire, la fréquentation habituelle
des chemins de fer serait fort hygiénique dans certains cas. Les mécaniciens et les chauffeurs, constamment exposés au grand air et à une vive lumière,
acquièrent promptement de l'embonpoint et un surcroît de forces. Des personnes atteintes d'affections
nerveuses, des convalescents, des femmes souffre-
teuses de suites de couches, se trouvent bien de ces
rapides transports à la vapeur. Enfin les militaires
peuvent être en masse et promptement concentrés
sur un point, sans avoir été démoralisés et décimés
par les fatigues, les intempéries et les privations in-
hérentes aux étapes à pied.

Au résumé, les chemins de fer, considérés comme usines, ateliers, bureaux ou véhicules, ne présentent aucun inconvénient qu'on ne rencontre dans les autres industries, services administratifs ou moyens de transport : peut-être même en ont-ils moins, en raison de la sollicitude, de la surveillance intelligente qui veillent à tout instant sur leur nombreux personnel fixe ou passager.

www.ingramcontent.com/pod-product-compliance
Lightning Source LLC
Chambersburg PA
CBHW060507200326
41520CB00017B/4947